DES

# DILATATIONS AMPULLAIRES DE LA SAPHÈNE

## A SON EMBOUCHURE

PAR

## Georges FORGERON

DOCTEUR EN MÉDECINE DE LA FACULTÉ DE PARIS

ANCIEN EXTERNE DES HOPITAUX DE PARIS

PARIS

ALPHONSE DERENNE

52, Boulévard Saint-Michel, 52

1881

DES

# DILATATIONS AMPULLAIRES DE LA SAPHÈNE

## A SON EMBOUCHURE

PAR

## Georges FORGERON

DOCTEUR EN MÉDECINE DE LA FACULTÉ DE PARIS

ANCIEN EXTERNE DES HOPITAUX DE PARIS

PARIS

ALPHONSE DERENNE

52, Boulevard Saint-Michel, 52

1881

A MON PÈRE




A MA MÈRE

# DILATATIONS AMPULLAIRES DE LA SAPHÈNE

## A SON EMBOUCHURE

---

## INTRODUCTION

Ayant eu à observer, dans le courant de cette année, un cas fort curieux de dilatation de la saphène, immédiatement au-dessous de son embouchure, nous avons pensé qu'il serait intéressant de réunir les quelques observations publiées jusqu'ici, d'y ajouter la nôtre, que nous avons prise avec le plus grand soin, et de faire enfin une étude complète de l'affection que nous venons d'indiquer.

La rareté relative de cette affection a forcé, on le comprend, les auteurs qui s'en sont occupés avant nous, à se répéter, et même, disons-le, à se copier, ce qui a rendu nécessairement une partie de notre tâche assez aride ; nous avons dû en effet, faire une foule de recherches inutiles, pour trouver quelque chose d'original. En outre, dans tous les ouvrages où il en est fait mention, la question n'est

Forgeron                                                                2 traitée que d'une façon incidente, le plus souvent à l'occasion du diagnostic de la hernie crurale, et la symptomatologie seule de la maladie est ébauchée.

On comprendra donc, que nous n'ayons pu donner à notre travail autant d'extension que nous l'aurions désiré. Nous croyons toutefois avoir mis en lumière quelques points de symptomatologie ; de plus, nous avons particulièrement insisté sur la pathogénie et le diagnostic de la maladie, qui sont, on le conçoit, les parties les plus intéressantes de la question.

Qu'il nous soit permis, en terminant, d'offrir tous nos remerciements à M. Tuffier, interne de M. Th. Anger, qui a bien voulu nous abandonner l'observation que nous rapportons plus loin, observation qu'il avait, tout d'abord, l'intention de publier lui-même, et qui a été le point de départ du travail que nous avons entrepris.

# HISTORIQUE

La dilatation ampullaire de la saphène au pli de l'aîne, a été décrite pour la première fois par J. L. Petit, dont le diagnostic se basa surtout sur la coexistence d'autres dilatations variqueuses sur le trajet de cette veine. Nous rapportons plus loin l'observation qu'il en a donnée, observation qui fut citée, dans la suite, par tous les auteurs qui s'occupèrent de la question.

Après J. L. Petit, Macilwain publia un cas analogue (1830) ; c'est du moins ce que nous dit Bérard dans son article : *Aîne*, du Dictionnaire en trente volumes. Nous n'avons pu malheureusement, nous procurer l'ouvrage du chirurgien anglais ; aussi nous contentons-nous de donner l'indication bibliographique telle que nous la trouvons dans Bérard.

Quelques années plus tard, en 1836, Boinet publia dans la *Gazette médicale*, une observation fort intéressante, dans laquelle l'ampoule de la saphène est décrite avec plus de détails que ne l'avait fait J. L. Petit. L'auteur insiste particulièrement dans sa description, que nous donnons plus loin sur les caractères fournis par la palpation de la tumeur inguinale. Après Boinet, Sanson et Vidal (de Cassis) indiquent chacun un signe, pouvant servir au diagnostic de l'affection qui nous occupe, mais sans en publier d'observations, et sans en donner de description véritable.

Ce n'est guère que dans les thèses de cette époque

(Thèses de Chanet, de Pourcelot, d'Azam, de V. Robin) que la varice ampullaire est décrite avec quelques détails. Un peu plus tard (1862) J. Cruveilhier publie une observation analogue à celles de J. L. Petit et de Boinet ; il donne, lui aussi, un signe nouveau (la présence de nodosités autour de la tumeur), qui n'a pas d'ailleurs selon nous l'importance que semble lui attribuer l'auteur que nous venons de citer. On trouvera cette observation plus loin.

L'année suivante, Macler, dans sa thèse inaugurale fait une assez bonne description de la dilatation veineuse qui nous occupe ; c'est certainement la plus complète qui ait été donnée, si l'on en excepte pourtant celle de M. Verneuil dans son article *Aine* du *Dictionnaire encyclopédique.*

Depuis la publication de cet article, rien n'a été fait qui mérite d'être signalé : Follin en parle à peine, et M. Richet, qui n'en dit d'ailleurs que quelques mots, traite la question au point de vue purement anatomique.

Nous n'avons pas la prétention d'avoir, dans ce court exposé, cité tous les auteurs qui ont écrit sur la dilatation de la saphène au pli de l'aine ; nous n'avons indiqué que les principaux.

En outre, nous n'avons donné jusqu'ici, et nous ne donnerons dans la suite, aucune indication bibliographique, ayant trouvé plus rationnel de les donner toutes à la fois, et par ordre chronologique à la fin de notre travail.

# ANATOMIE NORMALE

Avant d'entrer dans le cœur même du sujet, nous croyons bon de rappeler en quelques mots, les principales dispositions anatomiques ayant trait à la maladie qui nous occupe.

La saphène interne, on le sait, naît de l'extrémité interne de l'arcade dorsale du pied, remonte sur la face interne de la jambe, puis, le long du bord postérieur du tibia, passe en arrière de la tubérosité interne de cet os, et du condyle interne du fémur, et suit enfin le bord postérieur du couturier. Dans tout ce trajet elle est sous-cutanée. Arrivée à trois centimètres, environ, au-dessous de l'arcade crurale, elle se recourbe brusquement, de façon à former une anse à concavité inférieure.

C'est alors qu'elle passe par une des ouvertures du fascia crébriformis, ouverture limitée en bas par un repli falciforme, ou ligament d'Allan-Burns, qui occupe l'angle de séparation de la veine fémorale et de la saphène, et sur lequel cette dernière est pour ainsi dire à cheval. Elle se jette dans la fémorale à angle à peu près droit, et est entourée au voisinage de son coude, de plusieurs ganglions lymphatiques. Notons que le feuillet profond du fascia superficialis la sépare des aponévroses jambière et fémorale, tandis que le feuillet superficiel de ce même facia, renforce ses parois jusqu'au niveau de son coude. En ce point, le feuillet celluleux en question abandonne la veine, qui, en raison de cette disposition doit offrir alors moins de résistance.

Au niveau du point où elle traverse l'aponévrose fémorale, elle répond au sommet de l'*infundibulum,* ce qui explique qu'on ait pris si souvent pour une hernie crurale, la dilatation qu'elle peut présenter en cet endroit. La saphène reçoit un certain nombre de branches, et entre autres, au niveau de son coude : la veine honteuse externe sous-cutanée, la dorsale superficielle du pénis, et les veines tégumenteuses abdominales, qui se terminent dans la saphène, soit isolément, soit par un tronc commun. La partie de la saphène qui reçoit ces différentes branches présente normalement un renflement constituant une sorte de confluent.

, Ajoutons que la saphène présente un nombre variable de valvules. Dans sa thèse inaugurale, M. Houzé de l'Aulnoit en signale sept pour la cuisse seulement, et sur ce nombre, trois sont avortées. Une de ces valvules siége à l'embouchure même de la saphène ; d'après M. Richet, elle serait assez souvent incomplète. Quant à la fémorale, elle présente constamment, à trois centimètres au-dessous du ligament de Fallope, une paire de valvules très fortes, semblant dominer tout le système veineux du membre inférieur. La partie supérieure de la fémorale, ainsi que les veines iliaques, sont dépourvues de valvules. Pourtant, dans un tiers des cas, selon M. Verneuil, on trouverait une paire de valvules au niveau de la terminaison de l'iliaque externe.

Enfin, presque tous les orifices des branches aboutissant. dans la saphène, sont munis d'un petit appareil valvulaire,

Terminons ces quelques données anatomiques, en disant qu'au niveau de son coude terminal, la saphène est située en avant et en dedans de la veine fémorale, placée elle-même en dedans et en arrière de l'artère du même nom.

# ANATOMIE PATHOLOGIQUE

Nous savons très peu de choses sur l'anatomie pathologique de la varice ampullaire de la saphène.

Nous ne pouvons mieux faire, dans ce cas, que de rapporter ce qu'en dit M. Verneuil qui en a disséqué une après injection : « La masse, globuleuse en apparence, avant l'incision de la peau, se montre en réalité formée, pour la plus grande partie, par une amplification considérable du sinus sus-valvulaire de l'embouchure de la saphène, et par une dilatation analogue des veines sous-cutanées abdominales et honteuses externes, qui affluaient toutes vers le même point. Cela s'éloigne un peu de l'idée que pourrait faire naître le nom de varice ampullaire, donné par Cruveilhier, nom qui ferait croire à une dilatation circonscrite, anévrysmoïde, latérale ou fusiforme de la saphène. »

C'est maintenant le moment de donner les observations que nous avons recueillies, avant de passer à l'étiologie, à la symptomatologie, etc., de l'affection que nous avons entrepris de décrire.

### Observation I (J. L. Petit).

Étant à Courtrai, en Flandre, j'appris par mon hôtesse, que sa servante avait dans l'aîne, une tumeur de la grosseur d'un œuf de poule, qui ne l'incommodait point lorsqu'elle était au repos, qui rentrait lors qu'elle était couchée, sans qu'elle fût même obligée de la presser, qui paraissait peu à peu dès qu'elle était debout, et qui enfin, à mesure qu'elle continuait de travailler, grossissait jusqu'à ce qu'elle fût parvenue à son volume ordinaire. Alors, la cuisse, la jambe, aussi bien que le pied, devenaient pesants et douloureux. raison pour laquelle la malade était obligée de se reposer de temps en temps.

Un coureur, marchand d'orviétan et de drogues, lui avait vendu bien cher un mauvais bandage, pour être appliqué sur sa tumeur, qu'il avait prise pour une hernie ; mais ce bandage lui causait de si grandes douleurs dans toute la cuisse et la jambe, qu'elle ne pouvait le porter une heure, sans être obligée de le quitter. Le charlatan à qui elle s'en était plainte, lui conseilla de ne le porter que la nuit, et, en effet elle pouvait le faire alors, sans en être incommodée, par la raison que nous dirons ci-après. La dame au service de laquelle elle était, m'ayant prié de la voir, je la trouvai dans de grandes souffrances, quoiqu'elle n'eût point fait usage de son bandage depuis deux jours.

Je remarquai d'abord que la tumeur était brune ; je la fis rentrer avec assez de facilité, et, m'étant aperçu dès qu'elle fut rentrée, que la peau qui la recouvrait, de brune qu'elle était auparavant, avait tout à coup repris sa blancheur naturelle, je jugeai que la couleur brune était un effet de la matière contenue dans la tumeur. En continuant d'examiner, je m'aperçus qu'il y avait le long de la cuisse un gonflement, que la peau y était de même brune, et que je sentais une espèce de cordon en suivant le cours de la saphène ce qui me fit croire que cette veine était devenue variqueuse ; et j'en fus pleinement convaincu lorsque, voulant la suivre jusqu'à la malléole interne, je trouvai plusieurs grosses varices vis-à-vis de l'articulation du genou, et de plus considérables et en plus grand nombre encore, à l'endroit de la malléole interne. C'est alors que je fus absolument persuadé que la tumeur de l'aîne, ou prétendue descente, était une dilatation du tronc de la saphène, qui, comme on sait, se dégorge dans le tronc de la crurale à l'endroit de son passage sous l'arcade des muscles du ventre, et où se forment les hernies crurales.

## Observation II (Boinet)

*Dilatation variqueuse du côté droit chez une femme de 69 ans.*

Une femme nommée Delamotte, âgée de 69 ans, était venue à l'Hôtel-Dieu dans l'intention d'avoir un nouveau bandage, et faire remplacer celui qu'elle portait depuis deux ans et qui était usé. Elle a été couchée au n° 22 de la salle Saint-Jean, le 5 octobre 1836.

D'une forte constitution, d'une stature assez élevée, d'un embonpoint médiocre, Delamotte a été réglée de bonne heure, s'est mariée à vingt-sept ans, a eu six enfants, et exerce depuis l'âge de quatorze ans l'état de blanchisseuse, qu'elle n'a pas discontinué jusqu'à présent. Sa santé a toujours été bonne. Pour la première fois, il y a environ six ou sept ans, elle s'aperçut qu'elle avait des varices au membre inférieur droit, mais sans s'en inquiéter, puisqu'elle n'en éprouvait aucun désagrément ; deux ans plus tard elle remarqua qu'elle avait dans l'aîne droite une petite tumeur qui devenait apparente, surtout lorsqu'elle faisait de longues courses, ou restait longtemps sur les jambes ; alors les veines de la cuisse et de la jambe droites se gonflaient, et elle éprouvait des douleurs et de la tension avec engourdissement dans le membre ; lorsqu'elle restait au repos ou couchée, tous ces symptômes disparaissaient ; et la tumeur aussi, lorsqu'elle prenait une position horizontale ; elle continua ainsi sans rien faire pendant deux ans ; à cette époque elle eut l'occasion de consulter un médecin de la capitale, assez connu, qui soignait une dame pour laquelle elle travaillait.

Ce médecin lui conseilla un bandage crural qu'elle a porté jusqu'à ce jour et sans inconvénient ; voici ce qu'elle présente : lorsqu'on examine la malade placée dans une position horizontale, on ne voit dans le pli de l'aîne aucune saillie ni tumeur ; la couleur de la peau est naturelle, mais en exerçant une pression modérée sur cette partie, ce qui cause toujours un peu de douleur à la malade, on ne trouve qu'une tumeur de la grosseur du doigt, à peu près, qui paraît assez profondément située, et qu'on pourrait facilement prendre pour un ganglion, si ce n'était la mollesse et l'espèce d'élasticité remarquable dont elle jouit ; si on fait tousser la maladé, on sent sous les doigts une espèce de frémissement, de bruissement tout particulier, en même temps que les téguments sont soulevés, ce qui produit à l'œil et à la main un phénomène absolument identique à celui que produit une véritable hernie lorsqu'on fait tousser le sujet.

Si au contraire on examine cette femme après l'avoir tenue debout pendant quelques minutes, ou après l'avoir fait marcher, on voit dans le pli de l'aîne à l'endroit que j'ai indiqué, une tumeur inégale, bosselée, élastique, très compressible, légèrement violacée ; si l'on fait tousser la malade, on sent également sous les doigts cette espèce de bruissement dont je viens de parler, et on éprouve absolument la même sensation que produit une véritable hernie quand on fait tousser la personne qui en est affligée.

La saphène interne et ses branches sont variqueuses et faciles à suivre à la partie interne de la jambe et de la cuisse, où elles offrent des flexuosités remarquables ; elles vont s'aboucher dans une dilatation plus considérable, qui se trouve dans le pli de l'aîne et forme la tumeur qui a été prise pour une hernie crurale.

OBSERVATION III (J. Cruveilhier).

Varice ampullaire solitaire à l'embouchure de la saphène.

Une femme âgée de 32 ans, cuisinière, point d'enfants, à qui on avait conseillé un bandage, est venue me consulter pour une tumeur sphéroïdale, du volume d'une grosse noix, molle, fluctuante, cédant sous la pression à la manière d'une hernie qu'on réduit, et reparaissant aussitôt qu'on cessait la compression.

J'ai reconnu une varice de l'embouchure de la saphène aux caractères suivants : 1° à son siège à plusieurs millimètres au-dessous de l'arcade fémorale; 2° à son augmentation de volume par la toux, mais avec cette particularité que le doigt placé sur la tumeur éprouvait, pendant l'effort de la toux, un sentiment de frémissement, de frôlement que la malade percevait facilement elle-même, quand elle y appliquait le doigt, et qu'elle comparait à celle que ferait éprouver un jet d'eau, expression qui mérite d'être conservée, tant elle rend bien la sensation que font éprouver les varices de l'embouchure de la saphène; 3° autour de la dilatation veineuse il existait de petites nodosités en demi cercle; la présence de ces nodosités, qui n'étaient autre chose que des ganglions lymphatiques, est encore un moyen de diagnostic différentiel; 4° et par dessus tout, la fluctuation liquide, si différente de la fluctuation gazeuse.

Une varice moins développée existait chez cette femme à l'embouchure de la saphène de l'autre côté.


OBSERVATION IV (personnelle).


Molter, Henri, 57 ans, bardeur de pierre, entre le 25 mars 1881, à l'hôpital Cochin, service de M. Th. Anger, Baraque 1, lit. n° 30. Comme maladies antérieures : un ulcère à la jambe droite, il y a environ dix-huit ans ; en outre un kyste du cordon du côté droit, datant de sept à huit mois environ, et pour lequel on lui a fait porter un bandage inguinal, qu'il avait encore à son entrée à l'hôpital. La pelote avait déterminé par pression une ulcération, qui se cicatrisa très rapidement d'ailleurs, une fois qu'on eut supprimé le bandage.

Le malade présente en outre dans l'aîne droite, au-dessous de son hydrocèle enkystée, une tuméfaction qu'il a montrée dernièrement au médecin de la mairie de son arrondissement, lequel lui a conseillé d'aller à l'hôpital.

Cette tuméfaction date d'environ un an ; elle s'est développée peu à peu, sans chute, choc, ni traumatisme quelconque. Le malade nous dit qu'elle augmente légèrement sous l'influence de la fatigue, et qu'elle ne disparaît pas par le repos au lit.

Ajoutons qu'il porte aux deux jambes des varices très développées, surtout à gauche, et présentant des dilatations ampullaires de place en place. D'après lui, ces varices dateraient de six à sept ans pour le côté gauche, et de trois ans seulement pour le côté droit. Il porte des bas élastiques des deux côtés, depuis quatre ou cinq ans à gauche, deux ans à droite, les bas remontaient jusqu'à mi-cuisse.

Terminons ce qui a trait aux antécédents en disant que le malade est originaire du duché de Luxembourg, et qu'il n'a jamais été dans les pays chauds. Il a toujours exercé sa profession de bardeur de pierre, profession très fatigante qui l'oblige à des efforts de tous les instants. Son état général a toujours été excellent, et l'est encore actuellement ; il n'a jamais éprouvé, notamment, aucun trouble du côté des fonctions digestives. C'est un homme de taille moyenne, assez maigre.

La tuméfaction de l'aine droite, le malade étant dans le décubitus dorsal, se présente avec les caractères suivants : elle a environ le volume d'une noix, et est parfaitement appréciable à la vue. Elle siège à deux travers de doigt environ, au-dessous de l'arcade crurale, un peu en dedans d'une ligne qui irait du sommet au milieu de la base du triangle de Scarpa. A peu près sphérique, elle semble cependant légèrement allongée dans la direction de la saphène, c'est-à-dire en haut et en dehors. Elle est molle, lisse, élastique, parfaitement limitée en avant, mais impossible à circonscrire en arrière. On sent autour d'elle quelques nodosités. La peau qui la recouvre est parfaitement mobile sur elle, et ne présente pas de changement de coloration ; elle offre d'ailleurs la même épaisseur que partout ailleurs. Pas d'empâtement des parties voisines. Absolument indolente, pendant et en dehors de l'examen, non pulsative, elle donne au doigt la sensation de fluctuation spéciale aux liquides. Complètement mate à la percussion, parfaitement réductible, elle s'affaisse sous la main à la moindre pression, sans produire de bruit, mais reprend son volume primitif aussitôt que la pression n'agit plus, le malade gardant d'ailleurs une immobilité complète.

Vient-on à presser sur la saphène au-dessous de la tumeur, après avoir réduit celle-ci, on la voit se reproduire avec un volume sensiblement égal à celui qu'elle avait primitivement.

Presse-t-on en même temps sur la veine fémorale et la saphène, toujours après réduction de la tumeur, on voit celle-ci se reproduire comme précédemment. Le même fait s'observe si l'on presse simultanément sur la veine iliaque et la saphène.

La palpation peut encore fournir d'autres renseignements ; si par exemple, après avoir déprimé la tumeur, on cesse brusquement la compression, tout en maintenant la main en rapport avec les téguments, on perçoit un bruissement spécial produit par l'afflux instantané du sang dans la dilatation veineuse. Le bruissement tient à la fois de l'ondulation et de la vibration, c'est-à-dire qu'il donne au doigt la sensation d'un fluide en mouvement, produisant un bruit. Fait à noter : en faisant cette épreuve avec un seul doigt, on remarque que ce bruissement particulier est très net à la partie supérieure de la tumeur, tandis qu'à la partie inférieure, il est à peine perceptible. La sensation dont nous parlons, ne se perçoit pas quand on relève la main peu à peu, après avoir déprimé la tumeur.

Un autre point intéressant est le suivant : en plaçant une des mains sur la dilatation ampullaire, et frappant avec l'index de l'autre main sur la saphène, qui se dessine très bien sous la peau, on perçoit un choc. Cette sensation est encore très nette quand on frappe sur la saphène au niveau de l'articulation du genou. Inversement, si l'on frappe sur l'ampoule, la main placée sur la saphène perçoit également un choc, à la condition, pourtant, que les mains ne soient pas aussi écartées que dans l'expérience précédente.

On peut aussi se renvoyer le flot, de la tumeur inguinale à la veine iliaque, qui, elle aussi, est manifestement atteinte de phlebectasie.

Si, maintenant, nous faisons tousser le malade, en laissant une main en rapport avec la dilatation ampullaire, nous éprouvons une sensation intermédiaire à celle que donne la crépitation neigeuse et la crépitation riziforme. On perçoit une crépitation semblable, mais beaucoup plus obscure, dans la veine iliaque externe et dans la saphène. Ajoutons que la toux détermine un léger soulèvement de la peau qui recouvre l'ampoule variqueuse, comme il est facile de le constater en regardant obliquement la tumeur.

L'auscultation ne nous a rien donné, le malade étant au repos ; il n'en a pas été de même quand nous l'avons fait tousser, en maintenant le stéthoscope en rapport avec l'ampoule de la saphène ; nous avons alors entendu un véritable bruit de souffle.

L'auscultation de la veine elle-même, ne donne rien, que l'on fasse, ou non, tousser le malade.

Notons enfin que la saphène, du côté droit, présente une certaine sensibilité à la pression, et que celle du côté gauche nous offre, au même niveau qu'à droite, une dilatation sensiblement plus grande que dans le reste de son trajet.

Tout ce que nous avons noté jusqu'ici a été observé, le malade étant dans le décubitus dorsal ; voici maintenant ce que nous avons constaté, après l'avoir fait marcher pendant deux heures. La tumeur inguinale est manifestement plus volumineuse ; elle est en outre beaucoup plus tendue, et bilobée. Le réseau variqueux est beaucoup plus apparent ; la peau ne présente pas la coloration brunâtre signalée par les auteurs.

Le bruit perçu quand on fait tousser le malade n'est pas plus accentué que dans le décubitus dorsal, il nous a même semblé l'être un peu moins. Au contraire, celui qui est perçu par la palpation simple, est bien plus marqué, quand le malade est debout, que lorsqu'il est couché. En frappant sur la saphène, le choc se transmet très mal, à cause de la distension considérable de tout le réseau veineux. Le tronc même de la saphène forme un relief assez notable ; il est très dur, très tendu ; le malade le compare à un nerf.

Nous avons examiné l'ampoule inguinale en faisant contracter les fléchisseurs de la cuisse et nous n'avons rien constaté qui mérite d'être signalé. Un mois après son entrée à l'hôpital, le malade quitte le service avec un bas élastique remontant jusqu'à la racine de la cuisse. Nous l'avons revu au commencement de juillet, c'est-à-dire près de trois mois après sa sortie de l'hôpital et nous n'avons constaté aucune amélioration.

# ÉTIOLOGIE ET PATHOGÉNIE

A n'en juger que par les observations publiées jusqu'à ce jour, on pourrait croire que la varice ampullaire de la saphène est une affection, non-seulement rare, mais même exceptionnelle. Il n'en est rien. Nous n'avons pu réunir, il est vrai, que quatre observations, dont une inédite, mais ce ne sont pas là les seuls cas observés. Nous savons en effet que Macilwain en a vu un exemple, et qu'il en rapporte même l'observation dans son ouvrage sur les canaux muqueux et les tumeurs inguinales. En outre, Velpeau dit en avoir observé quatre cas, tous les quatre sur des hommes. M. Verneuil en a vu cinq pour sa part, en faisant le service des hernieux au bureau central. Enfin, dans les mêmes conditions, M. Richet en a observé quelques cas, de telle sorte qu'en récapitulant, nous arrivons déjà à un total d'une vingtaine environ.

D'un autre côté, il existe, nous en sommes persuadé, un assez grand nombre de cas qui ont été vus, dont le diagnostic a été fait, mais qui n'ont pas été publiés, et dont il n'est fait mention nulle part. C'est ainsi, par exemple, que notre ami M. Bellangé, interne des hôpitaux, nous a dit avoir vu un exemple de varice ampullaire de la saphène, au pli de l'aine, dans le courant de l'année 1880, à la consultation de l'hôpital Saint-Antoine. La varice siégeait à gauche et était portée par une femme. En outre, nous verrons plus loin que dans près de la moitié des cas publiés, il y a eu erreur du diagnostic. Nous sommes donc autorisé à penser qu'un assez grand nombre de cas sont méconnus, soit qu'on examine les malades un peu superficiellement, soit même qu'on ne connaisse pas l'affection dont il s'agit.

En tenant compte de ces faits on arrivera, nous en sommes convaincu, à conclure avec nous que la dilatation ampullaire de la saphène n'est pas une affection aussi rare qu'on pourrait le croire.

S'observe-t-elle plus fréquemment chez l'homme que chez la femme, plus souvent à droite qu'à gauche, nous ne saurions le dire, manquant d'indications suffisantes. Les trois cas de J.-L. Petit, de Boinet et de Cruveilhier se rapportaient à des femmes, les quatre de Velpeau et le nôtre à des hommes, mais, on le comprend, ce ne sont pas là des chiffres auxquels on puisse attribuer une signification quelconque.

D'autre part, la configuration anatomique étant la même des deux côtés, nous ne pensons pas qu'il puisse y avoir de prédisposition pour l'un des deux. D'ailleurs, dans le cas de Cruveilhier et dans le nôtre, il existait une légère dilatation du côté opposé, et l'affection pouvait être considérée comme bilatérale. Nous n'insistons pas davantage sur l'étiologie, et nous passons de suite à la pathogénie.

Il est bien entendu que nous laissons de côté les causes qui n'agissent que pour produire la dilatation variqueuse commune (pesanteur, professions, etc.), et que nous nous occupons seulement de celles qui produisent l'ampoule elle-même.

Velpeau et après lui Chanet, expliquent la dilatation de la saphène à son embouchure par ce fait, qu'en ce point les parois de la veine ne sont pas fortifiées par le feuillet celluleux du *fascia superficialis*, et qu'en conséquence elles doivent se laisser distendre plus facilement que partout ailleurs. Certes c'est là une raison que nous admettons très volontiers comme cause prédisposante, mais non comme cause déterminante. Nous pensons bien plus volontiers, que cette dilatation est produite, comme l'admet M. Richet pour les varices de la saphène en général, par l'insuffisance de la valvule terminale de cette veine, que cette valvule soit insuffisante primitivement, ou qu'elle le devienne par suite de la dilatation générale de la saphène. Nous savons en effet, que la dilatation se fait au niveau du confluent des veines honteuse externe, dorsale de la verge, tégumenteuses abdominales, confluent présentant normalement une légère dilatation ampullaire. Or, qu'une insuffisance valvulaire survienne, on aura à chaque effort musculaire, à chaque effort de toux, et même simplement dans la station verticale ou la marche, reflux du sang de la crurale et de l'iliaque dans le confluent dont nous venons de parler. Il rencontrera en ce point le sang de la saphène et celui des veines sus-indiquées, d'où pression en sens inverse se transmettant en majeure partie aux parois. Ces parois elles-mêmes, ne présentant pas en cet endroit la même résistance que partout ailleurs, on comprend facilement que la veine se laisse distendre, et que l'ampoule se forme ; mais encore une fois, nous croyons que l'insuffisance valvulaire joue un rôle plus important que l'affaiblissement des parois.

Cette insuffisance valvulaire existe du reste dans tous les cas, car chaque fois que le bruissement produit par la toux a été recherché, il a été trouvé ; or, comme nous le dirons plus loin, la cause de ce bruissement est le reflux du sang, qui, on le conçoit, ne peut avoir lieu qu'autant que la valvule de l'embouchure de la saphène est insuffisante. Que d'autres dispositions anatomiques jouent un certain rôle dans la production de la tumeur veineuse, et en particulier : l'étranglement plus ou moins prononcé de la veine par l'ouverture du fascia crébriforme, son coude, sa position à cheval sur le repli falciforme du fascia lata, c'est possible ; mais, dans tous les cas, nous croyons que ces dispositions n'agissent guère que comme causes adjuvantes, et que le rôle capital est rempli par l'insuffisance valvulaire dont nous venons de parler.

# SYMPTOMATOLOGIE

L'ampoule de la saphène au pli de l'aîne, se présente, le malade étant debout, sous la forme d'une tumeur molle, habituellement indolente, élastique et superficielle. Elle est tantôt régulière et hémisphérique, tantôt bosselée et inégale. Son volume varie depuis les dimensions d'une noisette jusqu'à celles d'un œuf de poule.

Elle est située vers la partie moyenne de la région de l'aîne, à trois centimètres environ au-dessous du ligament de Fallope. Elle est allongé le plus souvent dans le sens de la saphène, c'est-à-dire en haut et en dehors. Complètement mate à la percussion, elle présente une fluctuation des plus nettes, et se réduit avec la plus grande facilité, sans produire de gargouillement. Elle reparaît d'ailleurs aussitôt qu'on cesse la compression.

La peau qui recouvre la tumeur offre habituellement, surtout chez les sujets maigres, une coloration brunâtre qui peut d'ailleurs faire défaut, même dans la station verticale, comme nous l'avons constaté nous-même.

La marche, les courses, les fatigues, augmentent le volume de la tumeur ou tout au moins sa tension. Il en est de même de la toux, qui a en outre pour effet de produire de l'impulsion, de l'expansion et un bruissement particulier (Boinet, Cruveilhier), dont on se rend parfaitement compte par la palpation de la varice. Ce bruissement, nous dit Malgaigne, est assez difficile à définir ; il arrive bien plu-

tôt par les doigts que par l'oreille. Oui, si l'on se contente
de palper la tumeur, mais si l'on applique le stéthoscope
on entendra un véritable bruit de souffle dans l'ampoule.
Nous conseillons de rechercher le bruissement, comme nous
l'avons fait nous-même, par le retrait brusque de la main,
après compression de la tumeur (voir observation IV).

A quoi est dû ce bruissement? quel en est le siège?
quelles sont les conditions indispensables à sa production ?
c'est ce que nous allons indiquer en peu de mots. La toux
qui n'est en somme, qu'une expiration brusque, a pour
effet de faire refluer le sang du centre à la circonférence.
Supposons maintenant une insuffisance de la valvule qui
ferme l'embouchure de la saphène, rien ne s'opposera au
reflux du sang dans la dilatation ampullaire. D'un autre
côté, à son entrée dans l'ampoule, le sang passant d'une
portion plus étroite dans une autre plus dilatée, se trouvera dans les conditions voulues pour produire un bruit, en
faisant vibrer les bords de l'orifice de l'ampoule. Le bruit
se produira donc, et c'est lui qui donnera au doigt la sensation dont nous avons parlé. Cette sensation pourra être
perçue le long de la saphène, dans une étendue plus ou
moins grande, mais jamais aussi nettement qu'au niveau de
l'ampoule ; ce qui s'explique par ce fait, que le bruissement perçu dans la saphène n'est que la propagation de
celui de l'ampoule.

Quant à la sensation perçue par le retrait brusque de
la main après compression de la tumeur, elle offre la plus
grande analogie avec la précédente, dont elle ne diffère que
par une intensité moindre. Dans cette expérience, comme
dans la précédente, c'est le reflux du sang dans la tumeur

et la vibration des bords de l'orifice supérieur qui produit
le bruissement.

On pourrait se demander il est vrai, si dans ce cas, la
cause du bruit n'est pas l'afflux pur et simple du sang de
la saphène dans l'ampoule, et si son siège n'est pas à l'orifice inférieur de celle-ci ; mais, le seul fait que le bruissement se perçoit bien plus nettement à la partie supérieure
de la tumeur, qu'à sa partie inférieure, suffit à démontrer
qu'il n'en est rien, et que, dans les deux cas, le bruit prend
naissance au même endroit.

Il est bien entendu que la sensation dont nous parlons
ne pourra être perçue qu'autant qu'il y aura insuffisance
de la valvule de la saphène, permettant le reflux du sang
dans la tumeur. Cette insuffisance doit d'ailleurs exister
dans tous les cas en raison de la dilatation générale de la
veine.

Passons maintenant à l'étude d'autres signes. L'un des
meilleurs est sans contredit le suivant que donne M. Verneuil : « En plaçant un doigt sur la bosselure de l'aine et
en frappant un coup sec sur les varices de la jambe, et *vice
versâ*, le choc est instantanément transmis d'un point à
l'autre, ce qui indique la continuité de la colonne san-
guine. » Disons, à ce propos, que la sensation est moins nette
quand on frappe sur l'ampoule et que le choc se transmet
de haut en bas, que dans le cas contraire, attendu que les
valvules de la saphène, fussent-elles même plus ou moins
insuffisantes, s'opposent toujours dans une certaine mesure
à la propagation du choc. Ajoutons que celui-ci se transmet mal, ou même ne se transmet pas, quand la tension est

très considérable dans l'ampoule et dans la veine, comme cela arrive à la suite de fatigues. Il est facile de comprendre pourquoi : le choc se transmet en effet par l'ondulation de la colonne liquide et cette ondulation n'est possible qu'autant que les parois veineuses offrent une certaine élasticité ; or, dans le cas où la tension est très forte dans la veine, les parois de celle-ci sont absolument rigides et l'ondulation ne peut se produire. Le même fait s'observe d'ailleurs, nous le savons, dans les épanchements très abondants de la cavité abdominale.

Les ganglions inguinaux forment souvent autour de la varice, un demi cercle de petites nodosités. Ce signe qui est dû à Cruveilhier, doit être énoncé ici, mais nous verrons à propos du diagnostic qu'il n'a pas grande valeur.

Un autre signe nous est donné par Vidal (de Cassis) qui conseille l'application d'un linge chaud sur la varice inguinale ; celle-ci augmente de volume sous l'influence du calorique.

Sanson de son côté engage à réduire la varice par une pression de bas en haut, et, cela fait, à appliquer un doigt sur l'orifice inférieur du canal crural. Dans ces conditions on voit le volume et la dureté de la tumeur augmenter.

On peut aussi, avec Malgaigne, procéder d'une façon inverse, et au lieu de réduire la varice, la rendre très apparente en faisant tousser le malade ; puis, porter la pulpe du pouce et de l'index sur l'anneau crural et comprimer fortement. La tension seule de la peau pourra dans certains cas faire disparaître aux yeux la varice, mais, que la tumeur soit ou ne soit pas visible, la rechercher par le toucher et la presser avec un ou deux doigts elle disparaîtra sous la pression de manière à ne laisser aucune trace, par suite du reflux du sang dans les veines qui aboutissent à l'ampoule.

La varice disparaît habituellement et sans pression dans le décubitus dorsal. Si elle persiste, on peut encore (dans certains cas du moins) la faire disparaître en comprimant la veine au-dessous d'elle. Dans cette même attitude horizontale, la toux et les efforts font reparaître la saillie en déterminant de l'impulsion et du bruissement ; si la peau était colorée elle reprend son aspect normal.

La partie inférieure de la tumeur se continue d'ordinaire avec le tronc dilaté de la saphène interne ; souvent même, sur d'autres points de sa circonférence, avec de petits rameaux véineux sous cutanés et flexueux.

Tout le réseau de la saphène interne est habituellement dilaté, et le tronc même de la veine peut présenter sous la peau la dureté et le relief d'une corde tendineuse.

On observe assez fréquemment un sentiment de pesanteur, de tension, et d'engourdissement du membre correspondant ; mais ces phénomènes tiennent bien plus, selon nous, à la coexistence d'autres varices qu'à l'ampoule ellemême. On pourrait en dire autant de la pigmentation des téguments, des plaques eczémateuses, des ulcères, etc., qu'on rencontrera assez souvent. Tels sont les principaux signes auxquels on reconnaîtra la dilatation ampullaire de la saphène. Un certain nombre de ces signes pourront manquer ou être remplacés par d'autres, mais, dans tous les cas, il en restera assez pour permettre au chirurgien de poser sûrement son diagnostic.

Nous allons d'ailleurs esquisser maintenant les principaux traits qui distinguent la varice ampullaire du pli de
l'aine, des maladies pouvant la simuler.

# DIAGNOSTIC

Disons tout d'abord, que la mollesse de la varice, la fluctuation qu'elle présente, et surtout sa réductibilité, nous permettent déjà d'éliminer la plupart des affections ayant le même siège.

Nous ne pensons pas non plus, qu'il soit nécessaire de faire le diagnostic avec l'*abcès par congestion* dont les caractères sont assez tranchés pour que la confusion ne soit pas possible.

Le diagnostic avec la *varice lymphatique* sera également facile. Cette dernière affection en effet, est ordinairement bilatérale ; la tumeur qu'elle constitue est bilobée ; elle n'est pas à proprement parler réductible à la pression, mais le décubitus dorsal un peu prolongé peut la faire disparaître presque complètement. La peau qui la recouvre est saine, et ne présente pas de changement de coloration. Enfin, fait capital, on ne l'a guère observée jusqu'ici, que sur des sujets jeunes, originaires des colonies.

*L'hydrocèle d'un ancien sac herniaire* ne sera pas davantage confondue avec la varice de la saphène. Les caractères de la tumeur, son irréductibilité, les commémoratifs, suffiront amplement à éclairer le diagnostic.

Un *anévrysme* peut se produire vis-à-vis de l'ouverture aponévrotique de la saphène et en imposer pour une dilatation ampullaire de cette veine. Inversement, il peut arriver, comme l'indiquent Velpeau, Follin, Pourcelot, qui ne ci-

tent pas d'ailleurs de faits à l'appui de leur hypothèse, que
l'artère fémorale imprime à une ampoule de la saphène des
mouvements pulsatiles pouvant faire croire à un anévrysme. On évitera facilement l'erreur par un examen un
peu attentif. Dans les deux cas, il est vrai, la palpation de
la tumeur peut faire percevoir uu mouvement général d'expansion ; dans les deux cas, on peut entendre un bruit de
soufflé à l'auscultation ; mais, tandis que dans le cas de dilatation artérielle, expansion et souffle se perçoivent à chaque pulsation, dans le cas de dilatation veineuse, ce n'est
qu'en faisant tousser le malade qu'on les rencontre.

Ajoutons, qu'en comprimant les vaisseaux au-dessus de
la tumeur, après l'avoir réduite, elle ne se reformera pas
si l'on a affaire à un anévrysme, tandis qu'au contraire elle
se reproduira immédiatement s'il s'agit de dilatation veineuse.

La compression faite au-dessous de la tumeur, après réduction de celle-ci, ne donnera pas d'aussi bons renseignements, car une insuffisance valvulaire peut lui permettre de
se reproduire, dans le cas de dilatation veineuse, tout aussi
bien que dans celui de dilatation artérielle. Pourtant, dans
ce dernier cas, la tumeur sera plus tendue et son volume
plus considérable que lorsque la compression n'agit pas,
tandis que dans le cas d'ampoule variqueuse, c'est plutôt le
contraire qu'on observera.

Disons enfin que, dans le cas d'anévrysme, les pulsations des artères du membre affecté seront moins fortes que
celles du membre sain et que la position donnée au malade
n'influera pas sur l'affaissement de la tumeur. De plus,
on n'observera pas de changement de couleur à la peau.

*L'anévrysme variqueux* présente lui aussi quelques points de ressemblance avec l'ampoule de la saphène ; c'est ainsi que le siège de la tumeur peut être le même dans les deux cas ; que la peau peut présenter une coloration bleuâtre au niveau de l'anévrysme variqueux, et qu'on peut avoir également dans ce cas coexistence de varices. Pourtant, disons-le, les symptômes de cette affection sont tellement tranchés que le diagnostic s'imposera. Les commémoratifs, le frémissement vibratoire et le bruit de souffle, continus avec redoublement au moment de la diastole ventriculaire, les pulsations isochrones à celles du pouls, le refroidissement du membre malade, le pouls veineux empêcheront toute erreur.

Nous arrivons maintenant au diagnostic différentiel de la varice ampullaire et de la *hernie crurale*.

Ce diagnostic est sans contredit le plus intéressant de tous, car fréquemment la varice de la saphène a été prise pour une hernie crurale. Dans le cas de J. L. Petit, il est vrai, l'erreur de diagnostic a été commise par un charlatan, mais dans celui de Boinet ce fut par un médecin assez connu de la capitale. Bérard, parlant de l'observation de Macilwain nous dit que dans ce cas, l'erreur fut faite par un chirurgien expérimenté. Deux fois enfin M. Verneuil a constaté la confusion de la varice ampullaire avec la hernie crurale. Nous voyons donc qu'il est essentiel de différencier nettement ces deux affections. Leur confusion n'a eu d'ailleurs jusqu'ici d'autre inconvénient, que celui de faire prescrire un bandage inutile, mais il n'en est pas moins vrai que dans certains cas il peut être très important de faire le diagnostic exact.

Certes, il ne manque pas d'analogies entre les deux affections, analogies expliquant parfaitement les erreurs de diagnostic qui ont été faites. C'est ainsi que le siège, la forme, le volume, peuvent être les mêmes pour la hernie et la varice. Toutes deux sont indolentes, augmentent de volume et de tension par la station et la toux, diminuent ou même disparaissent par la position horizontale.

Dans les deux cas, on peut observer de l'engourdissement, des fourmillements, de la pesanteur et de l'œdème du membre correspondant. Dans les deux cas aussi, on peut avoir engorgement des ganglions lymphatiques voisins. L'impulsion et le soulèvement des téguments par la toux sont également communs aux deux affections. Ajoutons enfin que, d'après Marjolin (leçons orales), la varice peut rentrer en produisant du gargouillement, phénomène bien propre à induire en erreur.

Quoi qu'il en soit, le diagnostic pourra toujours être fait, car s'il existe de nombreuses analogies entre les deux affections, les caractères différentiels sont encore plus tranchés. Voici d'ailleurs les principaux : l'ampoule de la saphène grossit peu à peu et il est assez difficile d'indiquer le moment exact de son apparition. Il n'en est pas de même de la hernie qui, dans la grande majorité des cas, apparaît subitement, après un effort.

La varice a une consistance plus molle que la hernie ; elle ne présente ni pédicule, ni trajet herniaire et est un peu plus éloignée de l'arcade crurale.

Elle est allongée suivant le trajet de la saphène c'est-à-dire sensiblement suivant l'axe du membre, tandis que la hernie a son grand diamètre transversal.

Elle augmente de volume dans la station verticale, bien plus que par la toux ; c'est le contraire qui a lieu pour la hernie. L'application d'un linge chaud augmente le volume de l'ampoule veineuse et ne modifie en rien celui de la hernie crurale. D'un autre côté si l'on vient à réduire la tumeur et à appliquer un bandage, ou simplement à exercer avec les doigts une compression sur l'anneau crural, la hernie ne se reproduira pas, tandis que la tumeur variqueuse apparaîtra de nouveau.

On peut encore, à l'exemple de Malgaigne, porter un doigt sur l'anneau crural, pendant que la tumeur fait saillie, puis la presser assez fortement avec un des doigts de l'autre main ; la tumeur disparaîtra sous la pression si c'est une dilatation veineuse, tandis qu'au contraire, si c'est une hernie, elle résistera à la pression et se montrera d'autant plus dure et résistante que la compression sera plus énergique.

On trouvera fréquemment un réseau de veines bleuâtres autour de la varice ; rien de semblable ne s'observera autour de la hernie. Ajoutons que, dans ce dernier cas, on aura selon l'organe déplacé, un certain nombre de symptômes qui n'existeront pas si l'on a affaire à une dilatation veineuse.

C'est ainsi que l'entérocèle sera sonore à la percussion, grossira comme par insufflation si le malade tousse, ou fait un effort, s'accompagnera de coliques, de constipation, de nausées, et augmentera de volume pendant la période digestive.

L'épiplocèle, de son côté, sera pâteuse, grossira peu

par la toux, se réduira assez difficilement et donnera lieu à des tiraillements d'estomac après les repas.

Est-il besoin de dire que, si la hernié crurale est une cystocèle, ce qui arrive rarement du reste, les symptômes seront encore plus nets : la tumeur, élastique quand le malade n'a pas uriné depuis longtemps, devient flasque après la mixtion. Sa compression, quand elle est distendue, s'accompagne d'envie d'uriner. Elle augmente de volume si l'on injecte de l'eau dans la vessie ; et si, sans retirer la sonde, on appuie alors sur la tumeur, on voit le jet d'urine sortir avec plus de force.

Disons enfin, que la tumeur constituée par une ampoule de la saphène, présentera un certain nombre de symptômes qui lui sont propres (coexistence de varices, transmission du choc de la veine à l'ampoule, etc., etc.) et sur lesquels nous ne voulons pas revenir, les ayant exposés avec tous les détails voulus, en traitant de la symptomatologie.

# PRONOSTIC ET TRAITEMENT

Ils ne diffèrent en rien du pronostic et du traitement des varices en général, aussi n'insisterons-nous pas.

En ce qui concerne particulièrement le second point, disons que nous sommes absolument partisan du traitement palliatif, et qu'en conséquence, ce qu'il y aura de mieux à faire, sera de conseiller au malade de porter un bas élastique avec cuissard remontant jusqu'à la racine du membre. Dans le cas observé par nous, il est vrai, le bas élastique n'a produit aucune amélioration, mais aussi, disons-le, il se moulait assez mal sur le haut de la cuisse, et n'exerçait aucune compression précisément à l'endroit où il aurait dû comprimer le plus. Ce bas en effet était maintenu par une bretelle s'attachant à sa partie supérieure et en avant. Or à chaque mouvement du malade, cette bretelle avait pour effet de tirer sur le bas plus ou moins obliquement, et de l'écarter de la partie antérieure de la cuisse. Aussi, pensons-nous qu'il serait préférable soit de supprimer la bretelle, soit, si elle est réellement indispensable, de l'attacher à la partie postérieure. De cette façon l'inconvénient signalé plus haut n'existera plus, et le malade retirera tout le bénéfice possible de son bas élastique.

# INDEX BIBLIOGRAPHIQUE


**J.-L. Petit.** — OEuvres complètes, édition de 1837, page 634.

**Macilwain.** — On diseases of the mucous canals, on inguinal tumours, etc., 1830, page 300.

**Bérard.** — Article Aîne du Dictionnaire en 30 volumes, page 48.

**Mavré.** — Thèse de 1831.

**Boinet.** — Gazette médicale de 1836, page 829.

**Velpeau.** — Anatomie chirurgicale, 1837, tome II, page 526.

**Malgaigne.** — Leçons cliniques sur les hernies, 1841, page 202.

**Roche et Sanson.** — Pathologie médico-chirurgicale, 1844, tome IV, page 305.

**Vidal** (de Cassis). — Pathologie externe, édition de 1861, tome V, page 546.

**Chanet.** — Thèse de 1847.

**Joly.** — Thèse de 1847.

**Bourcelot.** — Thèse de 1848.

**Azam.** — Thèse de 1848.

**V. Robin.** — Thèse de 1849.

**Robert et Verneuil.** — Supplément au dictionnaire des dictionnaires, page 27.

**J. Cruveilhier.** — Anatomie pathologique générale, 1852, tome II, page 813.

**Maeler.** — Thèse de 1853.

**Houzé de l'Aulnoit.** — Thèse de 1854.

**Bert.** — Thèse de 1858.

**Verneuil.** — Article Aîne du Dictionnaire encyclopédique.

**Gosselin.** — Hernies abdominales, 1865, page 401.

**Richet.** — Anat. médico-chirurgicale, 1877, page 1190.

**Follin et Duplay.** — Pathologie externe, tome II, page 549.

**Follin et Duplay.** — Pathologie externe, tome VI, page 195.



Imprimerie A. DERENNE, Mayenne. — Paris, boulevard Saint-Michel, 52.

Imp. A. DERENNE, Mayenne. — Paris, boulev. Saint-Michel, 52.